U0145427

Business Project Management Body of Knowledge

經營專案管理
知識體系

魏秋建 教授 著

五南圖書出版公司 印行

作者序

　　專案管理從1960年代以來，被全球的企業和組織系統化的應用到各式各樣的專案，因此專案管理對提升團隊運作的效能，已經被各個產業廣泛的證實。而且爲了將專案管理的運作，直接植入到企業的組織當中，全球企業也紛紛在企業內部成立專案管理辦公室（PMO, Project Management Office），以負責規劃、執行和控制各種非例行性的任務。有企圖心的企業更積極持續提升內部的專案管理成熟度，以提高專案達成目標的機率。

　　在這個專案管理風起雲湧的時代，有一個族群的專業人士被拋在專案管理的浪潮後面，那就是負責例行性任務的部門經理，他們雖然有標準化的流程來協助管理，有ISO來規範部門的運作，但是卻完全沒有被當代的管理思潮啓發到：「部門也可以應用專案管理的手法來達成年度的目標」，這種方式稱爲專案式的管理（Management by Project）。因爲部門目標的達成，就是一個標準的專案，過程需要規劃、執行和控制；需要溝通、分配資源和風險管控。爲了彌補這樣的缺口，美國專案管理學會（APMA, American Project Management Association）特別爲負責例行性任務的部門經理，編撰了這本《經營專案管理知識體系》（Business Project Management Body of Knowledge），作爲他們應用專案管理方法提升部門績效的指引，這是全球第一本爲部門經理撰寫的專案管理知識體系，希望可以協助廣

大的部門經理更有效率的達成部門目標。

　　本書是美國專案管理學會的經營專案經理（Certified Business Project Manager）證照認證用知識體系。本書之撰寫已力求嚴謹，專家學者如果發現有任何需要精進之處，敬請不吝指教。

魏秋建

2017/11/28

Contents

Part 1

經營專案管理知識體系

Part 2

經營專案管理知識領域

管理方法

1. 外部環境分析
2. 內部環境分析
3. 關係人期望分析
4. 經營績效分析

經營管理層級模式

Part 1

經營專案管理知識體系

經營概念

　　全球化的激烈競爭迫使企業必須努力追求經營卓越（enterprise excellence），才能持續創造競爭優勢，提高獲利能力進而永續經營，甚至必須發展顛覆傳統的超優勢競爭策略（hypercompetition）席捲市場才能確保企業的持續成長和獲利。簡單的說，企業的經營是一個管理從願景制定（vision formulation）、策略規劃（strategy formulation）、經營規劃（business planning）、經營管理（business management）到經營提升（business upgrade）的過程。在全球產業競爭日趨激烈的今天，如果沒有一套完整實用的經營管理模式，企業將會很難應付環境的變化，及時進行策略的校準和資源的聚焦，導致永續經營的夢想永遠無法實現。圖 1.1 是經營管理過程的一個簡單示意圖，圖中從左邊的願景制定開始，到右邊的實現願景為止，整個過程的順暢進行就是經營管理的主要任務。願景制定和實現願景在橫座標上的差距，是經營管理過程的總時程，例如短、中、長期計劃；在縱座標上的差距，則是經營管理的困難程度，也就是實現願景的困難度。企業永續經營的保證，就是要克服困難實現願景，另一方面又要縮短實現願景的經營管理時程。而達成這種經營管理高度成熟的先決條件，是企業必須要有非常完善的經營管理制度。

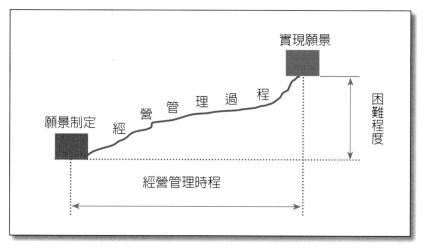

圖 1.1　經營管理

以下說明幾個和經營管理有關的名詞：

使命 （mission）	使命是說明企業為何存在的理由。例如：福特汽車的使命是：『為全球人們提供個人移動的服務』。
價值 （value）	價值是指達成企業的使命和目標的共同行為規範，例如：鼓勵創新、保護環境。
願景 （vision）	願景是指企業在未來某段時間希望變成的樣子，例如：『成為世界級的領導廠商』。
目標 （goals/objectives）	企業目標（goals）是指達成願景之前必須完成的目標；事業目標（business objectives）和功能目標（functional objectives）則是事業單位和功能單位必須完成的目標。

策略 （strategy）	爲了達成企業目標的策略稱爲企業策略（corporate strategy），爲了達成事業目標和功能目標的策略則分別稱爲事業策略（business strategy）和功能策略（functional strategy）。另外，進一步細分的話，事先規劃好的策略稱爲意圖策略（intended strategy），修正意圖策略然後執行的策略稱爲實現策略（realized strategy），沒有事先規劃意圖策略，直接透過集體討論之後，所進行的決策的方式稱爲浮現策略（emerged strategy），此時它也是實現策略。
策略事業單位 （strategic business units）	策略事業單位是指企業爲了達成某個策略目標所成立的事業單位。
經營 （business management）	經營是指企業從願景制定到願景達成的整個過程。
管理 （management）	管理是指企業經營過程相關活動的管理。
績效 （performance）	績效是指企業經營結果的好壞，通常以利潤方式表達。

1.1 企業生命週期

　　企業生命週期是指企業從成立公司的概念到公司結束的整個過程，這個過程可以分成七大階段，也就是種子期（seed stage）、草創期（start-up stage）、成長期（growth stage）、穩定期（established stage）、擴充期（expansion stage）、成熟期（mature stage）和結束期（exit stage）。種子期是指成立企業的想法還在概念階段，這個階段必須確定市場機會、股東結構、資金取得以及創業規劃等事項。草創期是指企業已經成立，而且在一段時間後，產品或服務逐漸獲得市

場的認同，因此開始有第一批的客戶。成長期是指產品和服務的銷售和利潤持續增加，因此企業開始需要比較正式的管理方式。接著進入穩定期，由於大批的忠實客戶讓企業站穩市場地位，此時企業必須投資生產設備和管理系統來改善生產效率。然後因為新產品或新市場的開發，讓企業業績大幅成長而進入擴充期，包括產品線和事業部的擴充。成長到某一個階段，企業的銷售和利潤穩定不再成長，進入成熟期。甚至因為競爭而開始下滑，如果狀況加劇，此時企業必須思考繼續或是將公司脫手結束經營。如果最後決定賣掉公司，那麼企業應該透過鑑價有形和無形價值，設法以最好的價格轉手，以降低財務上的損失。圖 1.2 為企業生命週期示意圖。

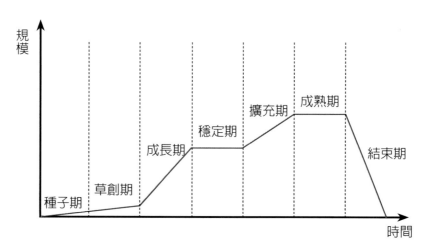

圖 1.2　企業生命週期

種子期 （seed stage）	希望成立公司的概念階段，重點在創業規劃和募資。
草創期 （start-up stage）	公司成立，開始生產和銷售的階段，重點在建立客戶。

成長期 （growth stage）	需求穩定增加和銷售持續成長的階段，重點在有效管理。
穩定期 （established stage）	企業成長到站穩市場地位的階段，重點在提高生產效率。
擴充期 （expansion stage）	企業開始開發新產品和新市場的階段，重點在產品開發和市場開拓。
成熟期 （mature stage）	企業銷售不再成長的階段，重點在降低成本和找尋新機會。
結束期 （exit stage）	企業將公司脫手賣掉的階段，重點在提高估價。

1.2 經營管理與專案管理

企業的經營從願景制定到願景實現的整個過程是一個標準的專案，因為它具有專案的獨特和短暫雙重特性，而且經營管理過程需要控制預算、管制時程、掌握品質、統合人力、規避風險等等，因此應用專案管理的知識和方法來管理企業的經營，可以獲得事半功倍的效果。特別是企業的競爭環境瞬息萬變，一個好的經營專案管理過程，絕對是企業取得競爭優勢的關鍵。將專案管理手法應用到企業的經營管理，在專案管理領域稱為專案式的管理（Management by Project）。本知識體系將經營管理和專案管理的結合稱為經營專案管理，兩者之間的關係可以用表 1.1 來說明。由表中可以發現，所有需要執行的經營活動由表的左上角延伸到右下角。

表 1.1　經營管理與專案管理的關係

		專案管理				
		發起	規劃	執行	控制	結束
經營管理	願景制定		企業願景規劃 SWOT 分析			
	策略制定		企業策略規劃 事業目標規劃			
	經營規劃		事業策略規劃 功能策略規劃 經營規劃			
	經營管理			經營管理 績效監督		
	經營提升				績效控制	績效提升

　　由表中可以發現，願景制定階段的兩大步驟全部落在專案規劃階段，策略制定階段的兩大步驟，全部落在專案規劃階段。經營規劃階段的三大步驟，也全部落在專案規劃階段。經營管理階段的兩大步驟，全部落在專案執行階段。經營提升階段的兩大步驟，分別各有一個落在專案控制、一個落在專案結束階段。

經營管理架構

　　傳統上，企業的經營管理大多是依賴經營者和管理者的經驗和敏銳度，沒有一套完整的經營流程和經營方法，少數企業即使有應用一些手法，通常只是片段技術的強調和應用而已。這樣的經營方式，在過去區域競爭的時代，或許還可以僥倖存活。但是在全球競爭的今天，如果企業希望提高獲利能力，持續維持競爭優勢，那麼就一定要有完備的經營管理模式。特別是全球化市場的高度不確定性，沒有方法的土法煉鋼，會讓企業永續經營的夢想遙不可及。另外，因為經營管理過程的複雜性和動態性，如果沒有一套完整的經營管理架構來整合所有企業人員的思維和行為模式，經營管理過程就很容易淪為解決溝通協調問題，而不是所有成員努力一致為企業的目標全速邁進。圖 2.1 為經營管理（business management）的管理架構。圖中左邊是經營專案的願景，例如在十年內，成為全球電腦產業的領導者。圖的中間上半部是經營管理的流程，包括願景制定（vision formulation）、策略制定（strategy formulation）、經營規劃（business planning）、經營管理（business management）和經營提升（business upgrade）等五大階段，這個流程可以引導經營管理步驟的展開和進行。圖的中間下半部是企業要做好經營管理必須要有的基礎

架構（infrastructure）。首先企業要有堅強的經營團隊（management team），而且所有團隊成員必須具備經營管理的知識、能力和經驗。其次是企業必須要有一套完整的經營管理制度（business management system），以做為經營團隊的行為依據，並確保經營過程的井然有序。再來是企業必須要設計和選用適當的經營管理手法和工具，以便成員能夠順利完成責任和達成任務。最後一項是企業要投入適當的資源，才能期望經營團隊創造出領先對手的經營績效。這四項的下方是經營管理的知識庫和管理資訊系統。經營管理知識庫可以保留和累積經營管理過程的經驗、教訓和最佳實務（best practice），是企業最寶貴和不可或缺的資產。經營管理資訊系統則是可以提高經營管理的效率，尤其是產品經營的國際化，這樣的管理資訊系統可以整合企業的跨國經營管理，讓企業的經營活動在二十四小時內持續進行不會中斷，可以大幅提升企業的競爭優勢。如果企業具備了嚴密的經營管理流程和厚實的基礎架構，就可以形成優於對手的經營管理文化（business management culture），那麼必定可以圓滿達成圖 2.1 右邊的經營專案願景。

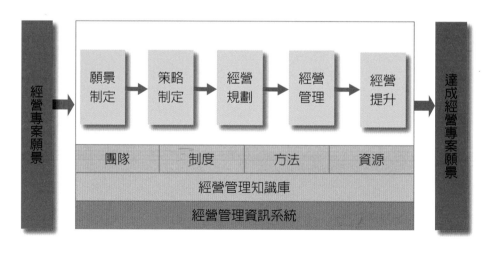

圖 2.1　經營管理架構

經營專案願景	根據企業整體策略意圖（strategic intent），由企業最高經營者指定給經營團隊的企圖心。
願景制定	根據企業的使命、價值和企圖，分析企業所處的內外環境，然後制定企業願景和企業目標的過程，它是企業經營管理的第一個階段。
策略制定	根據企業願景和企業目標，制定、評估和選擇達成願景與目標的可行策略過程，它是企業經營管理的第二個階段。
經營規劃	規劃達成企業目標和企業策略的事業單位經營計劃，以及功能單位經營計劃的過程，它是企業經營管理的第三個階段。
經營管理	依照企業經營計劃、事業經營計劃和功能經營計劃，管理企業人員、資源、流程、文化等等的過程，它是企業經營管理的第四個階段。
經營提升	根據實際經營績效，改善和提升企業經營活動，以達到卓越管理和卓越經營的過程，它是企業經營管理的第五個階段。
團隊	所有經營團隊，包括高階、中階和低階的管理人員。
制度	執行企業經營活動所需要的組織和流程。
方法	執行企業經營管理活動可以使用的方法和工具。
資源	執行企業經營管理活動所需要的人力、資金、材料、設備等等。
經營管理知識庫	可以儲存企業經營管理最佳實務的電腦化管理系統。
經營管理資訊系統	可以進行跨部門、跨企業甚至跨國經營管理和溝通的電腦化資訊系統，它可以提升經營管理的效率和及時性，例如企業資源規劃 ERP 系統。
達成經營專案願景	經營績效達成最高經營者的願景企圖。

經營管理流程

　　本知識體系將企業經營管理視爲從設定願景／目標一直到達成願景／目標的專案過程，其中包含策略管理、績效管理和目標管理等不同的知識領域。產業界通常將上述領域分別視爲不同的管理手法，本知識體系則將他們串聯融合在一起，形成一個完整而全面的經營專案管理知識體系，並將其歸納爲幾個主要階段，包括：願景制定（vision formulation）、策略制定（strategy formulation）、經營規劃（business planning）、經營管理（business management）和經營提升（business upgrade）等五大階段。多數企業都只將經營管理著重在前述二個階段，並且各自使用不同的名稱，例如：(1) 策略分析（strategy analysis）、(2) 策略選擇（strategy selection）、(3) 策略執行（strategy execution）、或是：(1) 策略分析（strategy analysis）、(2) 策略規劃（strategy planning）、(3) 策略執行（strategy execution）和策略評核（strategy evaluation）。有的則是採用：(1) 分析經營機會（business opportunity analysis）、(2) 發展經營策略（business strategy development）、(3) 執行經營策略（business strategy implementation）。由上述說明可以看出，企業的經營管理牽涉到環境的分析、願景的制定、策略的制定、目標的規劃、經營的規

劃、經營的管理、績效的控制和績效的提升。也就是說企業的經營管
理應該始於願景的制定，終於願景達成，其中的關鍵是經營策略的落
實執行，也就是企業策略和企業成員的聯結程度。如果企業只著重在
經營策略的規劃，而忽視了後續經營策略的執行，那麼人員的一舉一
動是否有助於策略的達成就一定無法掌控，願景目標能否順利達成也
就很難確保。從願景制定、策略制定、經營規劃、經營管理到經營提
升的前後串聯關係，稱為企業的經營管理流程（business management
process），前一階段的輸出會變成下一階段的輸入。圖 3.1 為經營專
案管理知識體系的經營管理流程，由圖中可以清楚知道，企業經營肇
始於企圖心的確立，也就是願景的制定，繼之以發展達成願景及目標
的策略，接著規劃落實企業策略的有效做法，然後逐步執行和管控經
營計劃，最後終止於企業經營績效的提升。為了彌補現有作法的不
足，並且結構化的呈現企業經營管理的完整內涵，本知識體系不只納
入經營規劃、經營管理及經營提升等三大階段，更深入探討這幾個階
段的重要執行步驟和方法，目的是要讓所有經營管理者了解，這三個
階段的成功實施才是企業創造競爭優勢的關鍵。

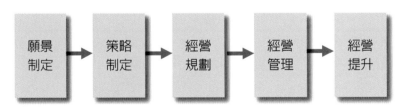

圖 3.1　企業的經營管理流程

Chapter

4

經營管理步驟

　　企業的經營管理流程中的每一個階段，可以再展開成好幾個必須執行的步驟，分別如圖 4.1 願景制定（vision formulation）階段的二個執行步驟，包括企業願景規劃（corporate vision planning）、SWOT 分析（SWOT analysis）。圖 4.2 策略制定（strategy formulation）階段的兩個執行步驟，包括企業策略規劃（corporae strategy planning）和事業目標規劃（business objective planning）。圖 4.3 經營規劃（business planning）階段的三個執行步驟，包括事業策略規劃（business strategy planning）、功能策略規劃（functional strategy planning）和經營規劃（business management planning）。圖 4.4 經營管理（business management）階段的二個執行步驟，包括經營管理（business operation management）和績效監督（performance monitoring）。圖 4.5 經營提升（business upgrade）的二個執行步驟，包括績效控制（performnance control）和績效提升（performance upgrade）。所有這些步驟的連結關係是前一個步驟的輸出，會變成下一個步驟的輸入。而這十一個步驟的圓滿完成就是經營專案的達成。其中前二個步驟是要定義企業的願景和分析達成的關鍵、再來二個步驟是要制定達成願景的策略和下屬單位的目標、接著以三個步驟把經營計劃制定出

來，包括事業單位和功能單位、然後再利用二個步驟，實際落實執行
和監控經營計劃，最後二個步驟是對經營績效進行改善和提升。

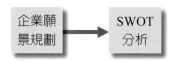

圖 4.1　願景制定階段管理步驟

圖 4.2　策略制定階段管理步驟

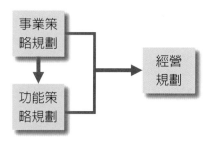

圖 4.3　經營規劃階段管理步驟

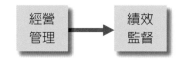

圖 4.4　經營管理階段管理步驟

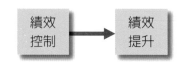

圖 4.5　經營提升階段管理步驟

經營管理方法

　　經營管理的每一個步驟，必須要有實際可行的方法才能有效落實。例如願景制定階段的 SWOT 分析（SWOT analysis），應該如何進行，有哪些手法和工具可以使用等等。本知識體系針對每個經營管理步驟的執行，歸納成各種不同的經營管理方法。這些方法可以引導經營規劃人員的思維邏輯，對每個步驟的有效落實和執行，可以產生積極正面的效果。圖 5.1 為經營管理方法的示意圖，中間方塊代表經營管理的某一個步驟，方塊左邊是執行該經營步驟所需要的輸入資料或訊息。方塊上方是執行該經營步驟所受到的限制（constraints），例如組織的政策，或是步驟的假設（assumptions），例如不一定是真的事情認為是真，或是不一定是假的事情認為是假，限制和假設是經營管理的風險所在。方塊下方是執行該經營步驟可以選用的方法（techniques）和工具（tools）。方塊右邊則是執行該經營步驟的產出。

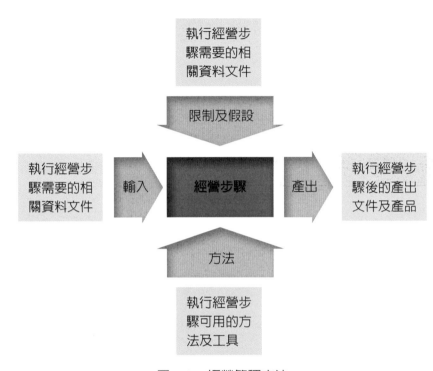

圖 5.1　經營管理方法

Chapter

6

經營管理層級模式

　　本章綜合前幾章所提的經營管理架構（business management framework）、經營管理流程（business management processes）、經營管理步驟（business management steps）和經營管理方法（business management techniques），建構出一個四階段的經營管理層級模式（business management hierarchical model），採用由上往下，先架構後細節的方式，逐漸展開成一個完整的經營管理方法論（business management methodology）。這樣的經營管理模式不但可以促進經營管理者的溝通，也有助於經營過程的順序展開。執行得當，更可以避免不必要的摸索，因而可以提高經營工作的品質。圖 6.1 為本知識體系的經營管理層級模式，圖的最上方是經營管理的架構，整個架構強調經營基礎建設（infrastructure）的規劃和經營管理流程的設計，包括經營團隊能力，制度建立及資訊工具的使用。第二個層級是經營管理流程，本知識體系以五個階段來呈現經營管理的過程，也就是願景制定、策略制定、經營規劃、經營管理和經營提升。經營管理流程的階段性劃分有很多不同的設計，但是多數都有不夠完整的缺點。因此本知識體系將經營管理過程歸類為上述五個階段，以完整表達經營管理的生命週期。第三個層級是經營管理的步驟，它是經營管理流程的

Business Project Management Body of Knowledge
經營專案管理知識體系

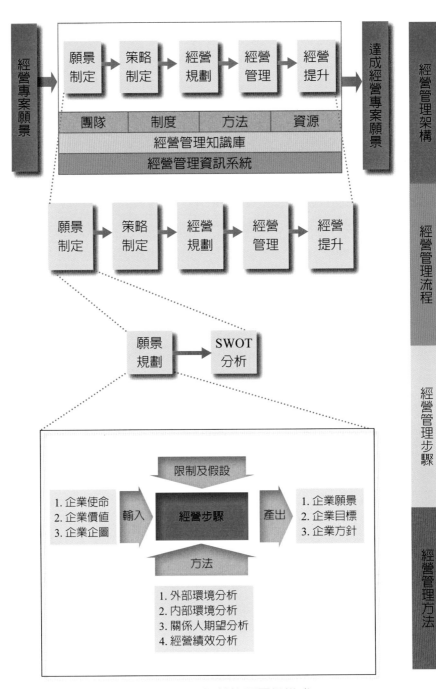

圖 6.1　經營管理層級模式

詳細展開，由經營管理的步驟，可以清楚知道每個經營階段應該執行的步驟及內容，本知識體系將經營管理的每個步驟，定義成直線特性的串聯關係。第四個層級是經營管理的方法，它是每個經營管理步驟的執行方式，包括執行時所需要的輸入資訊，所受到的限制，可以使用的方法，以及所要產出的結果。這樣的層級架構不但可以提升經營專案的管理效率（efficiency）和管理效能（effectiveness），同時也可以做為企業經營管理制度建立的基礎，對縮短企業經營目標的達成時程和提高企業競爭優勢（competitive advantage）有正面積極的效果。

Part 2

經營專案管理知識領域

願景制定

簡介

願景制定

　　願景制定（vision formulation）階段（如圖 7.1）是企業經營專案管理的第一個階段，目的是設定企業在未來一段時間之後希望變成的樣子，它是一個企業促進社會進步，提升人類福祉的偉大企圖。這個企圖也被稱爲 BHAG（big hairy audacious goal），也就是偉大、驚人、大膽的目標。這個目標並非一定能夠達成，但是企業必須始終相信自己終究可以達成。例如福特汽車『我們要讓汽車全民化』；Nike 的『擊垮愛迪達』；史丹佛大學『成爲西部的哈佛』等。建立願景的主要功能之一是讓所有的高階管理者變得更爲高瞻遠矚。制定好願景之後，接著進行 SWOT 分析，以了解達成企業願景的機會優勢和威脅劣勢，以確認出企業必須擴大優勢來掌握機會，以及必須彌補劣勢來消除威脅的策略性議題。願景制定階段的主要工作有以下幾項（如圖 7.2）：

　　1. 企業願景規劃

2. SWOT 分析

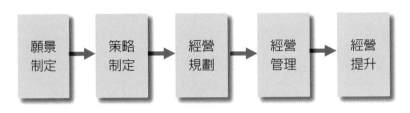

圖 7.1 願景制定階段

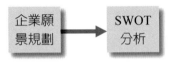

圖 7.2 願景制定階段步驟

7.1 企業願景規劃

　　企業願景規劃（corporate vision planning）是指規劃未來五年、十年甚至更久，企業希望達到的長遠理想和目標，它是一個引導企業成員戮力以赴的共同意圖，可以產生資源聚焦和振奮人心的效果。願景的制定必須依據企業使命和企業價值，當然有很大一部份是來自企業領導者的企圖心。成功的企業都有一個強而有力的願景，領導者必須持續傳達宣揚，直到願景變成組織文化的一部份。願景說明通常會包括企業活動的範圍、企業希望被關係人如何看待、以及希望成為哪個領域的領導者。圖 7.3 為企業願景規劃的方法。

1. 經營者企圖心

限制及假設

1. 企業使命
2. 企業價值
3. 企業企圖

輸入

企業願景
規劃

產出

1. 企業願景
2. 企業目標
3. 企業方針

方法

1. 外部環境分析
2. 內部環境分析
3. 關係人期望分析
4. 經營績效分析
5. 其他

圖 7.3　企業願景規劃方法

輸入	1. 企業使命：企業使命（mission）是指企業或是策略性事業單位（SBU, strategic business unit）存在的目的（purpose），包括角色、事業定義、特殊能力、以及未來方向。通常以使命說明（mission statement）的方式呈現。例如 3M 的使命是『有創意的解決尚未解決的問題』。 2. 企業價值：企業價值（value）是指導引企業經營活動的一些原則（principles），它不會隨著時間的演進而變化。例如迪士尼樂園的價值是『創造、夢想』 3. 企業企圖：企業企圖（strategic intent）是指企業對達成未來遠景的企圖心和渴望，它是建立宏偉的企業願景（vision）和企業目標（goals）的原動力。

方法	1. 外部環境分析：外部環境分析主要分析：(1) 總體環境（global environment）和 (2) 產業環境（industrial environment），其中總體環境是指企業所處的商業及經濟環境，包括：(a) 政治（political）：例如政權的改變和國際議題的影響等；(b) 經濟（economic）：例如利率、通貨膨脹率、失業率和國家生產毛額的變動等；(c) 社會（social）：例如價值觀和家庭結構的改變等、(d) 技術（technological）：例如現有技術的改變和新技術的誕生等、(e) 生態（ecological）發展，例如環保觀念的改變等等、(f) 人口（demographic）：包括年齡、性別、族群、種族等的變化所造成的影響。產業環境主要分析企業的競爭態勢，以及客戶和供應商兩端的市場狀況，包括產業特性、市場大小、成長趨勢、市場特性、產品價格、經營通路、客戶及消費者特性、主要競爭者、市場佔有率、競爭者經營方法、配送機制、績效監督、獲利能力、關鍵優勢及劣勢等等。 2. 內部環境分析：內部環境分析主要分析：(1) 股東的需求，以及 (2) 企業的資源和能力，包括銷售狀況、市場佔有率、獲利能力、成本結構、經營組合能力、產品管理及資源使用等等。 3. 關係人期望分析：分析和企業有關的所有關係人對企業未來的期望，包括股東、員工、客戶、供應鏈上的所有伙伴等等。 4. 經營績效分析：分析企業目前的經營績效，以做為企業制定未來願景的依據和參考。 5. 其他：其他可以使用的方法和技術。
限制及假設	1. 經營者企圖心：企業的願景大小決定於企業經營者的企圖心。
產出	1. 企業願景：企業願景（corporate vision）是指企業希望達成的未來形象，通常以願景說明（corporate vision statement）的方式呈現。例如微軟的願景：『以視窗為基礎的個人電腦』

2. 企業目標：企業目標（corporate goal）也有被稱爲
   企業的中期目標，它的達成可以促進企業願景的實
   現。例如：何時成爲某一市場中某項特定服務的領
   導者。
3. 企業方針：企業方針（corporate policy）是指企業
   執行決策時必須遵循的原則。

7.2 SWOT分析

　　SWOT 分析（SWOT analysis）的目的是根據企業的內部環境和
外部環境資料，分析企業可以利用優勢來創造機會的關鍵作法，以及
企業必須彌補劣勢才能克服威脅的有效活動，以及企業達成願景和目
標所必須把握的關鍵成功因素，最後歸納出企業達成願景和目標必須
執行和因應的策略議題，以做爲後續制定企業策略的依據。圖 7.4 爲
SWOT 分析的方法。

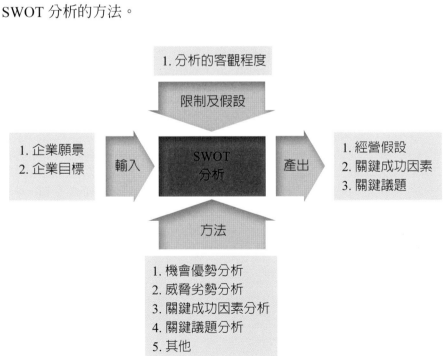

圖 7.4　SWOT 分析方法

輸入	1. 企業願景：詳細請參閱〈企業願景規劃〉。 2. 企業目標：詳細請參閱〈企業願景規劃〉。
方法	1. 機會優勢分析：由願景規劃的內部及外部環境資料，進一步分析企業目前的優勢以及企業的可能經營機會。 2. 威脅劣勢分析：由願景規劃的內部及外部環境資料，進一步分析企業目前的劣勢以及企業可能面臨的經營威脅。 3. 關鍵成功因素分析：分析可以應用到所有事業單位的通用成功因素（general success factors），以及只可以應用到個別事業單位的特定成功因素（industry-specific success factors）。 4. 關鍵議題分析：由機會優勢分析和威脅劣勢分析的結果，可以知道企業制定策略所必須要妥善處理的相關議題。 5. 其他：其他可以使用的方法和技術。
限制及假設	1. 分析的客觀程度：SWOT 分析是企業的主觀判定，因此如果不夠客觀，將會影響分析的結果。
產出	1. 經營假設：經營假設包括：(1) 對環境的假設，例如社會、市場、顧客及技術的演進等；(2) 對使命的假設，也就是假設該使命值得企業去追求，這個假設會影響企業經營的方向；以及 (3) 對核心能力的假設，會決定企業應該具備哪些優勢，才能領先對手。經營假設必須定期審查並適時修正。 2. 關鍵成功因素：企業達成目標的關鍵成功因素。 3. 關鍵議題：企業達成目標應該聚焦的策略重點，例如改善產品設計和品質、或是吸引新客戶。

策略制定

簡介

策略制定

　　策略制定（strategy formulation）（如圖 8.1）是指企業根據前一階段願景規劃的企業目標和 SWOT 步驟的成功因素和策略議題，制定可以極大化企業獲利能力的總體策略。簡單的說，策略制定是一個決定企業應該維持、縮小、停止、擴大、進入何種產業的過程，包括應該：(1) 進入哪個產業、(2) 成立哪些事業單位、(3) 結束哪些事業單位、(4) 保留哪些事業單位、以及 (5) 如何分配資源。企業的經營環境瞬息萬變，潛藏無數不可預測、甚至無法預測的隨機不確定性因素，以及更多來自產業和對手的蓄意不確定性因素，如何能夠撥雲見日，為企業創造最高的經營效益是經營團隊存在的目的和職責。此外，最有價值的策略往往是最出人意料的策略，也常常是風險最高的策略，換句話說，它也會是最可能失敗的策略。企業如何能夠偵測環境變化，隨時調整策略甚至變更策略，是企業能否永續經營的最大挑戰。策略制定階段的主要工作項目有以下幾項（如圖 8.2）：

1. 企業策略規劃

2. 事業目標規劃

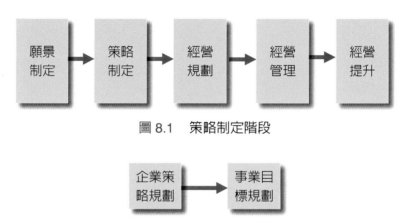

圖 8.1　策略制定階段

圖 8.2　策略制定階段步驟

8.1　企業策略規劃

　　企業策略規劃（corporate strategy planning）的目的是根據 SWOT 分析所獲得的成功因素和策略議題，分別從總體環境、產業環境和企業環境，分析達成企業目標的可行策略，包括：(1) 企業應該在哪些產業和事業競爭，(2) 在這些產業和事業裡應該如何競爭，(3) 如何進入這些產業和事業，(4) 如何退出一些產業和事業，(5) 企業如何分配資源在所有這些產業和事業，以最佳化整體績效。簡單的說，企業策略的目的就是要在目前的產業和事業，以及即將進入的產業和事業，持續或提升企業整體的競爭優勢和獲利能力。圖 8.3 為企業策略規劃的方法。

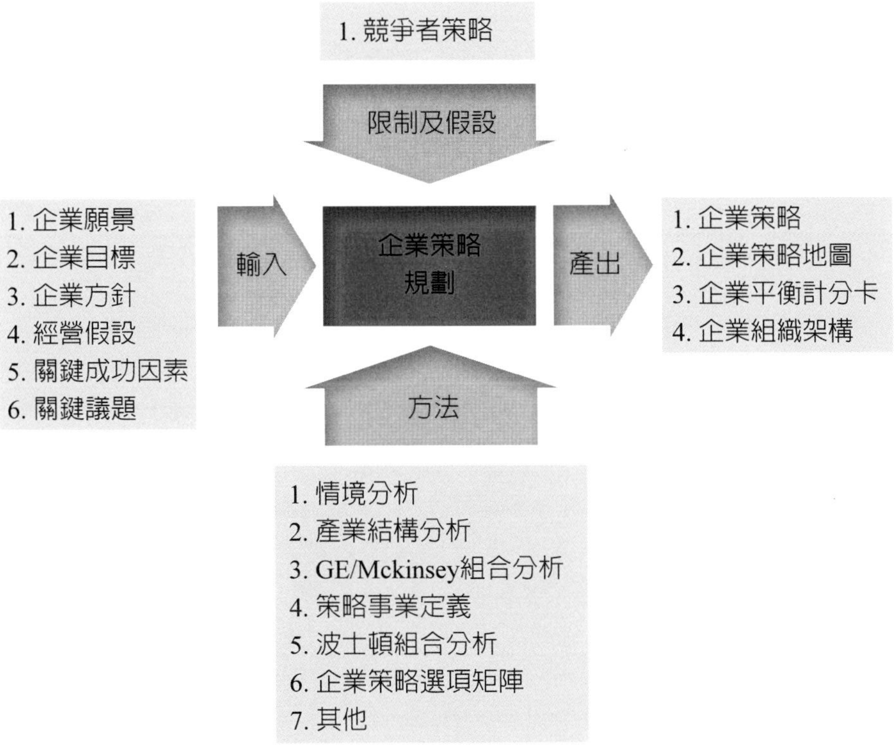

1. 競爭者策略

限制及假設

| 輸入 | 企業策略規劃 | 產出 |

輸入
1. 企業願景
2. 企業目標
3. 企業方針
4. 經營假設
5. 關鍵成功因素
6. 關鍵議題

產出
1. 企業策略
2. 企業策略地圖
3. 企業平衡計分卡
4. 企業組織架構

方法

1. 情境分析
2. 產業結構分析
3. GE/Mckinsey組合分析
4. 策略事業定義
5. 波士頓組合分析
6. 企業策略選項矩陣
7. 其他

圖 8.3　企業策略規劃方法

輸入	1. 企業願景：詳細請參閱〈企業願景規劃〉。 2. 企業目標：詳細請參閱〈企業願景規劃〉。 3. 企業方針：詳細請參閱〈企業願景規劃〉。 4. 經營假設：詳細請參閱〈SWOT 分析〉。 5. 關鍵成功因素：詳細請參閱〈SWOT 分析〉。 6. 關鍵議題：詳細請參閱〈SWOT 分析〉。
方法	1. 情境分析：情境分析（scenario analysis）是預想未來總體環境可能發生的狀況，然後制定理想的因應策略。可以利用以下步驟建立情境：(1) 提出正確問題，例如：什麼樣的事業模式可行；(2) 找出不確定性的各種面向，例如經濟、技術、法規等；

(3) 找出不確定性在每個面向的變化範圍，例如技術是逐漸進步或快速進步；(4) 決定最後的完整情境（true table）；(5) 決定相對發生機率。

2. 產業結構分析：產業結構分析包括：(1) 利用波特五力分析探討不同產業之間的獲利性差異（strcutural analysis of industries）、以及 (2) 策略群組探討產業內不同企業之間的獲利性差異（strcutural analysis within an industry）。

3. GE/Mckinsey 組合分析：GE/Mckinsey 組合分析法（GE/Mckinsey portfolio method）是利用產業吸引性和企業競爭力兩個面向，來分析企業的基本策略（norm strategy）。

4. 策略事業定義：策略事業定義（define strategic businesses）是指企業依據市場、產品和資源等狀況，定義企業的策略事業單位（strategic business units），所有事業單位的綜效，就是企業的總體經營績效。

5. 波士頓組合分析：波士頓組合分析法（Boston portfolio method）是利用市場成長率和市場佔有率兩個面向，來分析企業的基本策略（norm strategy）。

6. 企業策略選項矩陣：使用企業策略選項矩陣（corporate options matrix）將所有可能的策略選項以矩陣的方式表達出來，然後進行策略吸引性和企業競爭力的評估。

7. 其他：其他可以使用的方法和技術。

限制及假設	1. 競爭者策略：競爭對手的策略會影響企業策略的制定。
產出	1. 企業策略：企業策略（corporate strategy）又稱為總體策略，它是指可以提升目前以及未來企業綜合獲利能力的經營策略，簡單的說，企業策略就是擴大、調整和縮減事業版圖的整體策略，也就是決定企業的投資組合和資源分配。包括：(1) 水平整合策略（horizontal integration）、(2) 垂直整合策略

（vertical integration）：包括向前整合（forward）和向後整合（backward），以及完全整合（full）和錐形整合（taper），(3) 外包策略（strategic cotsourcing）和 (4) 多角化策略（diversification）：包括相關多角化（related diversification）和非相關多角化（unrelated diversification）。企業策略會主導事業的經營模式和組織架構，並且影響事業策略和功能策略的選擇。企業策略擬定應該包括總體環境分析、產業分析和策略事業分析。企業策略的內容應該包括：(1) 簡介，(2) 環境分析，(3) 所有事業單位，(4) 每個事業單位目標，(5) 每個事業單位的競爭優勢，包括產品和資源，(6) 資源投入順序，(7) 執行方案，(8) 文件發送。

2. 企業策略地圖：企業策略制定完成之後，可以利用策略地圖（strategy map），將落實企業策略所必須執行的所有活動，又稱策略主題（strategic theme），以因果圖（cause and effect）的方式表達出來，以做為策略執行和溝通的依據。

3. 企業平衡計分卡：有了企業策略地圖之後，再將每個策略主題向下展開成具有策略目標、衡量方式、目標值以及執行方案的企業平衡計分卡（corporate balanced scorecard），以監督和控制企業策略的執行。

4. 企業組織架構：企業策略決定企業的組織架構，這就是所謂的架構跟隨策略（structure follws strategy），組織架構又決定單位之間的依存關係，依存關係最後決定了企業的整合方式。例如企業的垂直整合策略如果強調成本控管或綜效，那麼就會需要集中控制權和組織整合。如果希望在不同產業取得佔有率，可能就需要充分授權成立利潤中心。

8.2 事業目標規劃

　　事業目標規劃（business objective planning）的目的是將企業目標往下展開成各事業單位的目標，然後再將各事業單位的目標往下展開成事業單位中各功能領域的目標。事業單位及功能單位的目標訂定應該要考慮所處產業的生命週期，以及目前產品的生命週期。目標規劃的重點之一，是設立可以衡量的短期目標，以連結企業的策略和長期目標，因為要實現長期目標，必須先掌握短期目標。圖 8.4 為事業目標規劃的方法。

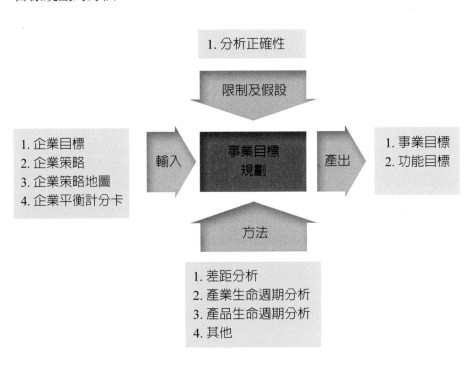

圖 8.4　事業目標規劃方法

輸入	1. 企業目標：詳細請參閱〈企業願景規劃〉。 2. 企業策略：詳細請參閱〈企業策略規劃〉。 3. 企業策略地圖：詳細請參閱〈企業策略規劃〉。 4. 企業平衡計分卡：詳細請參閱〈企業策略規劃〉。
方法	1. 差距分析：進行每個關鍵市場區隔內的：(1) 目前和目標銷售額（revenue gap analysis）之間的差距分析、以及 (2) 目前和目標利潤之間的差距分析（profit gap analysis）。圖 8.5 為差距分析的說明。 2. 產業生命週期分析：每個事業所處的產業，在不同階段會有不同的競爭強度，包括：(1) 胚胎期（embryonic）、(2) 成長期（growth）、(3) 消退期（shakeout）、(4) 成熟期（mature）和 (5) 衰退期（decline）。因此事業單位應該根據產業環境來規劃事業目標。 3. 產品生命週期分析：每個產品都有不同的生命週期，包括：(1) 上市期（introduction）、(2) 成長期（growth）、(3) 成熟期（mature）和 (5) 衰退期（decline）和淘汰期（fadeout）。因此功能單位應該根據產品現況來規劃目標。 4. 其他：其他可以使用的方法和技術。

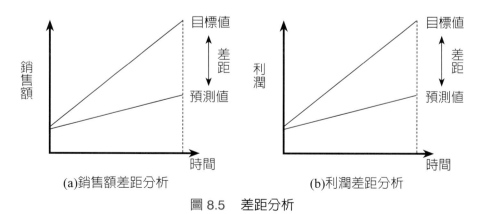

(a)銷售額差距分析　　　　(b)利潤差距分析

圖 8.5　　差距分析

限制及假設	1. 分析正確性：產業生命週期和產品生命週期的分析正確性。
產出	1. 事業目標：每個事業單位的經營目標，例如手機事業部的目標、機器人事業部的目標。 2. 功能目標：每個功能單位的經營目標，例如研發目標、生產目標、行銷目標。

Chapter 9

經營規劃

簡介

經營規劃

　　經營規劃（business management planning）是指規劃可以達成企業目標、事業目標和功能目標的企業經營計劃、事業經營計劃和功能經營計劃。主要的目的是將企業、事業單位和功能單位的所有經營活動，導向達成企業目標、事業目標和功能目標的方向進行。因為策略是達成目標的具體作法，因此經營計劃必須是執行策略所要有的所有活動的綜合，而這些活動的花費就是經營管理預算編列的依據。另外，策略的執行如果能夠配合組織的規劃和流程的設計等相關措施，將可以大幅提高企業目標的達成機率，因此應該在經營計劃裡面一併規劃。最後為了呈現未來不同時程的經營內容，一般也會將經營計劃分為中長期的策略計劃（strategic plan）和短期的年度計劃（annual plan）。經營規劃階段如圖 9.1 所示，而經營規劃階段的主要工作事項包括（如圖 9.2）：

　　1. 事業策略規劃

2. 功能策略規劃

3. 經營規劃

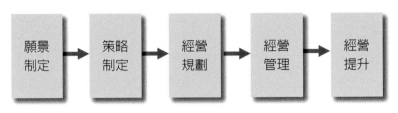

圖 9.1　經營規劃階段

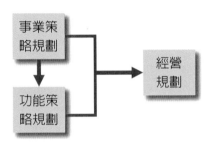

圖 9.2　經營規劃階段步驟

9.1　事業策略規劃

　　事業策略規劃（business strategy planning）的目的是規劃每個事業單位的產品、服務和資源投入，以達成企業策略所希望獲取的市場競爭地位。制定事業策略必須考量：(1) 針對哪些客戶提供何種產品和服務，(2) 選用哪種基本事業策略，(3) 產品和服務必須取得何種競爭優勢，(4) 需要哪些資源來達成這些競爭優勢。成功的差異化和低成本事業策略可以產生具有競爭優勢的經營模式，但是，事業必須依據所處產業的生命週期，選用適合的事業策略，更應該隨著產業環境的變化，適時調整事業策略及經營模式，以持續維持競爭優勢。圖 9.3 為事業策略規劃的方法。

1. 競爭者策略

限制及假設

| 輸入 | 事業
策略規劃 | 產出 |

輸入：
1. 企業目標
2. 企業策略
3. 企業策略地圖
4. 企業平衡計分卡
5. 事業目標

事業策略規劃

產出：
1. 事業策略
2. 事業策略地圖
3. 事業平衡計分卡
4. 經營模式
5. 事業組織架構

方法

1. 產業區隔分析
2. 價值鏈分析
3. 資源分析
4. 事業基本策略選擇
5. 成功關聯圖分析
6. 其他

圖 9.3　事業策略規劃方法

輸入	1. 企業目標：詳細請參閱〈企業願景規劃〉。 2. 企業策略：詳細請參閱〈企業策略規劃〉。 3. 企業策略地圖：詳細請參閱〈企業策略規劃〉。 4. 企業平衡計分卡：詳細請參閱〈企業策略規劃〉。 5. 事業目標：詳細請參閱〈事業目標規劃〉。
方法	1. 產業區隔分析：產業區隔分析（industry segment analysis）是指定義市場區隔、估計市場區隔大小和成長率、以及分析客戶需求和主要競爭者等等。 2. 價值鏈分析：價值鏈呈現產品和資源的聯結關係，因此可以利用價值鏈分析（value chain analysis）來找出事業的競爭優勢，包括確認：(1) 成本和差異

化的來源，(2) 以不同的聯結方式來降低成本，(3) 以不同方式和供應商聯結以降低成本，(4) 以不同方式和客戶聯結以降低成本。

3. 資源分析：進行資源分析（resource analysis）的目的是確認創造競爭優勢的資源是否可以創造客戶價值、稀有、不易取代、不易模仿、可以長期擁有等。

4. 事業基本策略選擇：選擇事業基本策略（generic business strategy）以決定事業單位的整體策略方向。包括：(1) 全市場價格策略（broad scope price strategy），(2) 全市場差異化策略（broad scope differentiation strategy），(3) 利基市場價格策略（niche focus price strategy），(4) 利基市場差異化策略（niche focus differentiation strategy）。

5. 成功關聯圖分析：利用成功關聯圖（network of success potentials）分析事業的資源優勢如何影響產品和服務的優勢，然後形成市場的優勢。

6. 其他：其他可以使用的方法和技術。

限制及假設	1. 競爭者策略：競爭產品或服務的策略會影響事業策略的制定。
產出	1. 事業策略：事業策略（business strategy）是指事業單位應用和發展資源（resources），以實現企業策略、建立事業競爭優勢（competitive advantages）的所有作為。事業策略的擬定應該包括產業分析、競爭者分析和資源與能力分析。事業策略的內容應該包括：(1) 簡介，(2) 環境分析，(3) 市場區隔，(4) 基本策略，(5) 競爭優勢，包括產品和資源，(6) 執行方案，(7) 文件發送。 2. 事業策略地圖：說明落實事業策略所必須執行的所有策略主題。 3. 事業平衡計分卡：將每個事業策略主題展開成事業目標、衡量方式、目標值和執行方案，以監督和控制事業策略的執行。

4. 經營模式：經營模式（business model）又稱爲商業模式，它是指可以創造競爭優勢的事業運作方式，內容包括呈現顧客價值訴求（customer value proposition）的市場模式、獲利模式、關鍵資源和流程等等，事業必須以獨特的方式，整合這些要素，才能爲顧客創造價值。
5. 事業組織架構：事業策略也會決定事業的組織架構，例如事業的成本領導策略應該強調集權的組織才能以大量生產的標準化作業降低成本，差異化策略需要迅速回應特定市場的變化，因此強調滿足客戶需求的分權組織。

9.2 功能策略規劃

功能策略規劃（functional strategy planning）的目的是規劃可以提高事業競爭優勢和改善功能經營效率、品質、創新和顧客回應的具體作爲。事業低成本和差異化的策略，必須透過功能策略的執行才能落實執行。例如研發策略可以影響產品的成本結構；人力資源策略可以提高員工的生產力；行銷策略可以提高銷售量，降低產品單位成本；生產策略可以縮短產品生產週期時間，降低生產成本。圖 9.4 爲功能策略規劃的方法。

1. 功能資源

限制及假設

輸入		產出
1. 事業策略 2. 事業策略地圖 3. 事業平衡計分卡 4. 經營模式 5. 功能目標	功能 策略規劃	1. 功能策略 2. 功能策略地圖 3. 功能平衡計分卡 4. 團隊平衡計分卡 5. 個人平衡計分卡

方法

1. 研發策略規劃
2. 生產策略規劃
3. 人力策略規劃
4. 行銷策略規劃
5. IT 策略規劃
6. 財務策略規劃
7. 其他

圖 9.4　功能策略規劃方法

輸入	1. 事業策略：詳細請參閱〈事業策略規劃〉。 2. 事業策略地圖：詳細請參閱〈事業策略規劃〉。 3. 事業平衡計分卡：詳細請參閱〈事業策略規劃〉。 4. 經營模式：詳細請參閱〈事業策略規劃〉。 5. 功能目標：詳細請參閱〈事業目標規劃〉。
方法	1. 研發策略規劃：規劃事業單位的研發策略，例如智慧財產權策略、技術取得策略等等。 2. 生產策略規劃：規劃事業單位的生產策略，例如庫存策略、設備投資策略等等。 3. 人力策略規劃：規劃事業單位的人力策略，例如組織策略、訓練策略等等。

	4. 行銷策略規劃：規劃事業單位的行銷策略，例如品牌策略、產品定位策略等等。 5. IT 策略規劃：規劃事業單位的 IT 策略，例如企業 e 化策略、IT 投資策略等等。 6. 財務策略規劃：規劃事業單位的財務策略，例如風險管理策略、資本結構策略等等。 7. 其他：其他功能的規劃。
限制及假設	1. 功能資源：各功能部門的現有資源是最大的限制，例如工程師人數、產能等。
產出	1. 功能策略：企業從功能單位（functional areas）支援事業經營模式的具體做法，主要是希望提高企業在品質、效率、創新及客戶回應等方面的效能。包括研發策略、生產策略、人力資源策略、行銷策略、財務策略和 IT 策略等。 2. 功能策略地圖：說明落實功能策略所必須執行的所有策略主題（strategic theme）。 3. 功能平衡計分卡：將每個功能策略主題展開成功能目標、衡量方式、目標值和執行方案，以監督和控制功能策略的執行。 4. 團隊平衡計分卡：將功能平衡計分卡往下展開成團隊目標、衡量方式、目標值和執行期限，以監督和控制團隊執行績效。 5. 個人平衡計分卡：將團隊平衡計分卡往下展開成個人目標、衡量方式、目標值和執行期限，以監督和控制個人執行績效。

9.3 經營規劃

經營規劃（business management planning）的目的是根據企業策略、事業策略和功能策略，規劃達成企業目標、事業目標和功能目標的企業經營計劃、事業經營計劃和功能經營計劃。策略的執行往往會影響管理系統的調整和組織架構的設計，甚至是組織文化的再造，和

人員思維的重塑，因此應該納入經營規劃的內容。而有效落實執行是
企業能否脫穎而出的關鍵。圖 9.5 為經營規劃的方法。

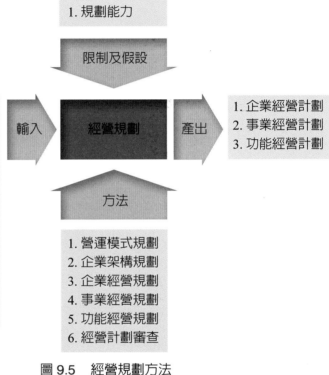

圖 9.5　經營規劃方法

輸入	1. 企業目標：詳細請參閱〈企業目標規劃〉。 2. 事業目標：詳細請參閱〈事業目標規劃〉。 3. 功能目標：詳細請參閱〈事業目標規劃〉。 4. 企業策略：詳細請參閱〈企業策略規劃〉。 5. 事業策略：詳細請參閱〈事業策略規劃〉。 6. 功能策略：詳細請參閱〈功能策略規劃〉。 7. 企業平衡計分卡：詳細請參閱〈企業策略規劃〉。 8. 事業平衡計分卡：詳細請參閱〈事業策略規劃〉。 9. 功能平衡計分卡：詳細請參閱〈功能策略規劃〉。

	10. 團隊平衡計分卡：詳細請參閱〈功能策略規劃〉。 11. 個人平衡計分卡：詳細請參閱〈功能策略規劃〉。 12. 經營模式：詳細請參閱〈事業策略規劃〉。
方法	1. 營運模式規劃：營運模式（operating model）是指規劃企業營運單位、關聯性、決策方式以及運作流程，然後以圖形方式呈現出來。 2. 企業架構規劃：企業架構規劃（enterprise architecture planning）是指規劃適合執行策略的組織架構和訊息流程，以促進企業策略、事業策略和功能策略的達成。 3. 企業經營規劃：規劃可以達成企業目標和企業策略的企業經營管理計劃。 4. 事業經營規劃：規劃可以達成事業目標和事業策略的事業經營管理計劃。 5. 功能經營規劃：規劃可以達成功能目標和功能策略的功能經營管理計劃。包括：(a) 生產規劃：規劃可以達成生產目標和生產策略的生產管理計劃。(b) 行銷規劃：規劃可以達成行銷目標和行銷策略的行銷管理計劃。(c) 人力資源規劃：規劃可以達成人力目標和人力策略的人力資源管理計劃。(d) 產品研發規劃：規劃可以達成產品研發目標和產品研發策略的產品研發管理計劃。(e) 財務規劃：規劃可以達成財務目標和財務策略的財務管理計劃。 6. 經營計劃審查：審查完成的企業經營計劃、事業經營計劃和功能經營計劃。
限制及假設	1. 規劃能力：規劃能力會影響計畫的品質。
產出	1. 企業經營計劃：企業的整體經營計劃，包括所需要的預算。 2. 事業經營計劃：企業所有事業單位的經營計劃，包括所需要的預算。 3. 功能經營計劃：企業所有功能單位的經營計劃，包括所需要的預算。

經營管理

簡介

經營管理

　　經營管理（business management）是指執行策略的過程，也就是執行企業經營計劃、事業經營計劃和功能經營計劃的過程。企業所有經營管理活動的效率和效能，決定了企業策略、事業策略和功能策略的落實程度，因此也直接影響企業目標、事業目標和功能目標的達成與否。大多數管理領域的理論和方法，都會在這個階段被應用，不過，儘管管理方法眾多，新的理論也持續推陳出新，它們所要管理的對象都還是包括：(1) 人員、(2) 資源、(3) 流程和 (4) 文化等層面。在全球競爭的時代，企業必須追求經營卓越才能確保永續經營，而其中的重要關鍵之一，就在於經營管理階段的執行力，因為執行策略要比制定策略來得更為困難。如果企業在經營管理階段發現了很多問題，那麼很可能是規劃階段的不完善，要不就是執行階段的不徹底。經營管理階段如圖 10.1 所示，而經營管理階段的主要工作事項包括（如圖 10.2）：

1. 經營管理
2. 績效監督

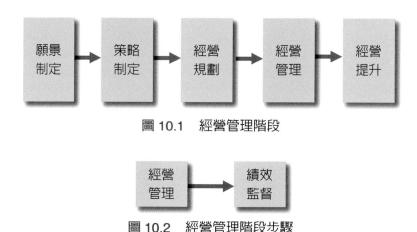

圖 10.1　經營管理階段

圖 10.2　經營管理階段步驟

10.1 經營管理

　　經營管理（business operation management）是指管理策略執行的整個過程，重點在於讓企業所有成員的一舉一動都有助於企業策略、事業策略和功能策略的落實執行，因而所有人都朝向企業目標、事業目標和功能目標大步邁進。所有管理學領域的知識和實務，只要對經營績效的提升有所幫助，都可以應用到企業、事業和功能單位的經營管理。而經營管理的過程必須致力降低官僚成本（bureaucratic costs），特別是多事業單位的龐大企業體。圖 10.3 為經營管理的方法。

1. 管理能力

限制及假設

| 1. 企業經營計劃
2. 事業經營計劃
3. 功能經營計劃 | 輸入 | **經營管理** | 產出 | 1. 經營績效 |

方法

1. 人員管理
2. 伙伴管理
3. 資源管理
4. 流程管理
5. 文化管理
6. 管理系統
7. 管理方法

圖 10.3　經營管理方法

輸入	1. 企業經營計劃：詳細請參閱〈經營規劃〉。 2. 事業經營計劃：詳細請參閱〈經營規劃〉。 3. 功能經營計劃：詳細請參閱〈經營規劃〉。
方法	1. 人員管理：管理和人員有關的所有事務，包括溝通、激勵、訓練、績效等等。 2. 伙伴管理：管理企業和供應商、外包商、以及策略聯盟伙伴等的合作關係。 3. 資源管理：管理企業的所有資源，包括有形資源如土地、建築、工廠、設備、存貨與金錢等，與無形資源如品牌、商譽、智慧財產權、著作權和商標等。當資源越是企業專屬，就越難模仿，越可以創造獨特能力（unique competencies）和競爭優勢。

	4. 流程管理：管理企業的所有營運流程的運作效能和效率，因爲它們是企業競爭優勢的主要來源之一。 5. 文化管理：企業文化影響員工行爲，員工行爲創造企業績效，因此策略的執行需要組織文化的配合，文化管理就是要營造企業人員的信念、行事準則和價值觀，以創造一個具有策略執行力的企業文化。例如微軟希望塑造的組織文化是：創業家精神、創造力、誠實、坦白、開放的溝通。 6. 管理系統：企業可以建置各種管理系統來提高經營活動的管理效率，例如企業資源規劃系統（ERP, enterprise resource planning）。 7. 管理方法：各種管理的技術和手法。
限制及假設	1. 管理能力：管理人員的管理能力會影響經營的最終績效。
產出	1. 經營績效：包括企業、事業和功能的財務經營績效和非財務經營績效。細節部份包括客戶績效、人員績效、社會績效、流程績效、產品和服務績效，以及財務績效等。呈現方式可以利用報表（reports），計分卡（scorecards），儀表板（dashboards），工具（gadgets）等。

10.2 績效監督

　　績效監督（performance monitoring）的目的是透過一些監督機制和統計方法，分析、比較企業目前績效和計劃績效的差距，以呈現企業、事業以及功能單位的經營現況，並預測企業、事業和功能單位的未來可能績效，以做爲企業績效改進的依據，和未來經營目標和經營策略修正的參考。績效監督的重點在於揭露問題、預測問題和提早因應。圖 10.4 爲績效監督的方法。

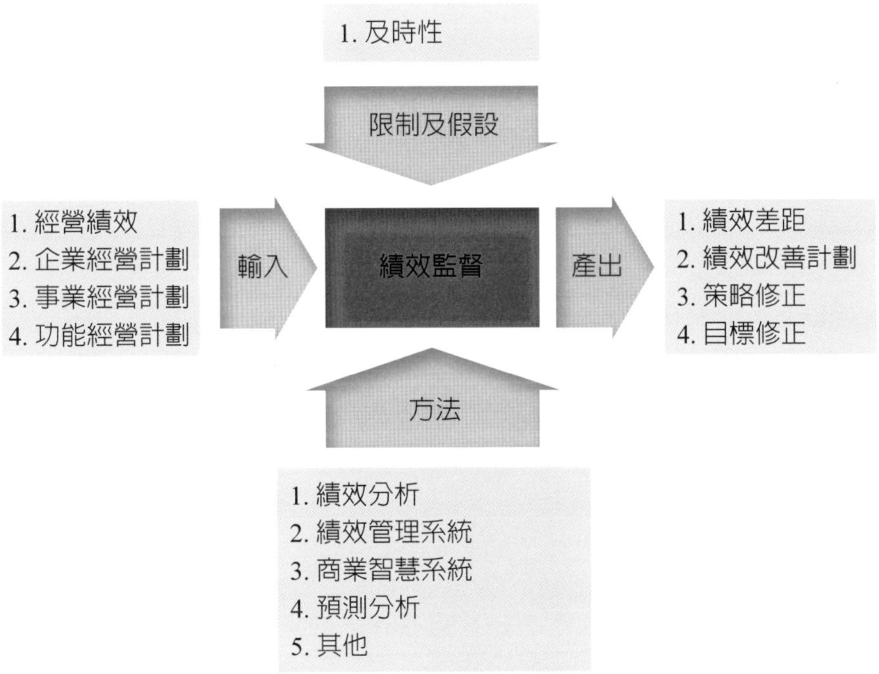

圖 10.4　績效監督方法

輸入	1. 經營績效：詳細請參閱〈經營管理〉。 2. 企業經營計劃：詳細請參閱〈經營規劃〉。 3. 事業經營計劃：詳細請參閱〈經營規劃〉。 4. 功能經營計劃：詳細請參閱〈經營規劃〉。
方法	1. 績效分析：分析企業、事業和功能單位的經營績效，包括：績效差異分析（variance analysis）、原因分析（root cause analysis）、部門間之績效因果分析（casuality analysis）、獲利性分析（profitability analysis）、內外部標竿分析（banchmarking）等等。 2. 績效管理系統：可以利用績效管理系統來進行績效的監督，包括：經營績效資料的儲存、管理、探勘、分析、呈現、監控等等。

	3. 商業智慧系統：商業智慧系統（BI, business intelligence system）是指可以協助企業進行經營決策的方法、流程、技術、應用和實務。例如：線上分析處理（OLAP, online analytical processing）、資料探勘（data mining）、文字採礦（text mining）等。 4. 預測分析：預測分析（predictive analytics）是指利用統計等相關手法，分析目前和歷史資料，以對未來事件做出預測的方法。 5. 其他：其他可以使用的方法和技術。
限制及假設	1. 及時性：能否及時透過分析發現績效問題，是績效監督的限制。
產出	1. 績效差距：目前績效和計劃績效的差距。 2. 績效改善計劃：改善不良績效的因應計劃。 3. 策略修正：因為經營績效不佳或是希望擴大績效的策略調整，事實上，企業持續提升獲利能力的過程，就是一連串策略修正的結果，包括企業策略、事業策略和功能策略等。 4. 目標修正：經營績效的監督可能會需要對經營目標進行修正，包括企業目標、事業目標或功能目標。

經營提升

簡介

經營提升

　　經營提升（business upgrade）是改善目前經營績效以及提升和創造未來經營績效的過程。因為經營環境持續變化，導致競爭永無止境，因此企業不只要落實各級經營策略，戮力達成預定的企業願景和經營目標，更要根據產業和市場的變化，隨時修正經營策略，才能提升企業的獲利能力，創造企業的永續競爭優勢。換句話說，企業必須創造一個卓越經營的環境和能力，讓企業的運作可以極小化經營的問題，和極大化經營的效益，並且藉由創造機會和調整策略，來捉住每一個令對手望塵莫及的未來契機。經營提升階段如圖 11.1 所示，而經營提升階段的主要工作事項包括（如圖 11.2）：

　　1. 績效控制
　　2. 績效提升

圖 11.1　經營提升階段

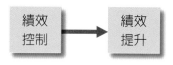

圖 11.2　經營提升階段步驟

11.1　績效控制

　　績效控制（performance control）是指根據企業的目前績效和改善計劃，實施各種績效改善的活動和措施。經營績效的不彰無非是：(1) 策略制定的不當，包括各種配套措施的缺乏，以及 (2) 策略執行的偏差，包括策略和目標的脫節。一般來說，策略執行的困難度遠高於策略的制定，而提高策略成功機率的有效作法是，增加策略制定者和策略執行者的重疊程度。當然，即使策略制定和策略執行完全沒有問題，隨著總體環境和產業環境的變化，還是必須修正策略和目標，以持續維持競爭優勢。圖 11.3 為績效控制的方法。

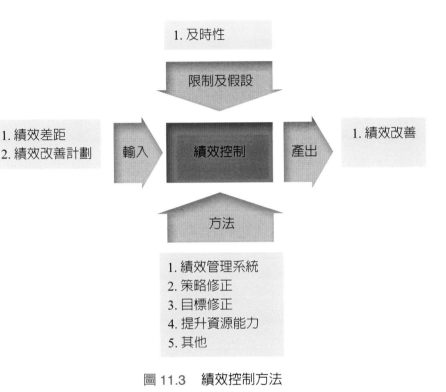

圖 11.3　績效控制方法

輸入	1. 績效差距：詳細請參閱〈績效監督。 2. 績效改善計劃：詳細請參閱〈績效監督〉。
方法	1. 績效管理系統：詳細請參閱〈績效監督〉。 2. 策略修正：詳細請參閱〈績效監督〉。 3. 目標修正：詳細請參閱〈績效監督〉。 4. 提升資源能力：提升企業的核心能力及人員素質， 　 以提高企業的經營績效。 5. 其他：其他可以使用的方法和技術。
限制及假設	1. 及時性：包括策略的修正、資源能力的提升能否及 　 時等等。
產出	1. 績效改善：企業的經營績效獲得改善。

11.2 績效提升

　　績效提升（performance upgrade）的目的是提升企業的經營績效，即使企業目前的績效非常卓著，但是因為競爭環境的變化、或是產業技術的更新，目前非常成功的經營模式、策略、產品或服務，過了不久幾乎肯定就會面臨淘汰。因此追求永續的競爭優勢是企業存在的目的，也是經營者無可懈怠的責任。尤其是在贏者通吃的時代，進步太慢就是退步，企業唯有勇往直前無限提升經營績效，才能延長圖 1.2 所示的企業生命週期，創造企業成長、穩定和擴充的無限循環，達成企業永續經營的目標。圖 11.4 為績效提升的方法。

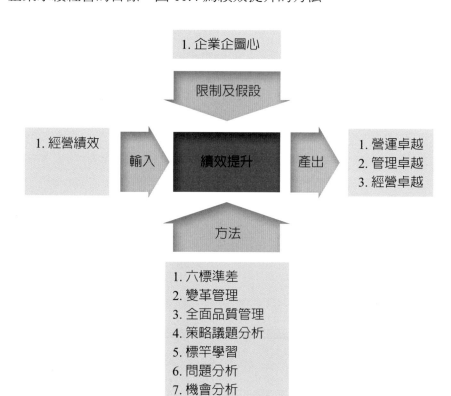

圖 11.4　績效提升方法

輸入	1. 經營績效：詳細請參閱〈經營管理〉。
方法	1. 六標準差：利用六標準差（6s）的手法來提升企業在各種流程的產品和服務的品質及可靠度。 2. 變革管理：企業經營層次的躍升一定需要某種程度的變革，包括制度、流程、文化、組織等等，而且這些變革的成功與否直接影響企業的未來發展，在不進則退的競爭環境中，如何管理好變革以強化體質，很可能是企業生存的唯一選擇。 3. 全面品質管理：利用全面品質管理（TQM, total quality management）來整合企業的所有部門和人員，提高產品和服務的品質，增加客戶的滿意度。 4. 策略議題分析：分析企業可以產生策略競爭力的所有層面和重點，以做為績效提升的主題目標和行動展開的依據。 5. 標竿學習：比較企業和同產業或不同產業的其他公司或競爭者的經營績效差異，以做為績效提升的標竿。 6. 問題分析：分析企業目前各個層面可以進一步改善的問題，包括制度、流程、組織、文化、系統、人員、客戶滿意度等等，以創造更長久的競爭優勢。 7. 機會分析：發現企業可以掌握和創造優勢的可能機會，例如彼得杜拉克建議：(1) 從自己的弱點發現機會，然後將弱勢扭轉為機會，(2) 從失衡中發現機會，例如技術能力與行銷能力的失衡，(3) 從威脅中發現機會，也就是把視為威脅的事物轉變成為機會。 8. 其他：其他可以使用的方法和技術。
限制及假設	1. 企業企圖心：企業經營績效的提升，決定於經營者的企圖心。
產出	1. 營運卓越：企業達到營運卓越（operational excellence）之後，可以用最低的成本（cost）、最快的速度（speed）和最好的品質（quality）來執行功能領域的流程。

2. 管理卓越：企業達到管理卓越（management excellence）之後，可以用最聰明（smart）的方式整合內外部的資訊，然後分析資訊，以最敏捷（agile）的方式調整自己適應環境，並且以最校準（aligned）的方式整合價值鏈上的所有活動。

3. 經營卓越：企業達到經營卓越（business excellence）之後，可以非常平順和準確的完成願景制度一直到願景達成的經營管理循環，此時企業可以做好由歐洲 EFQM 所定義的 8 項活動：(1) 領導和目標意識、(2) 持續學習、創新和改善、(3) 人力發展和參與、(4) 伙伴發展、(5) 專注客戶、(6) 流程和事實管理、(7) 社會責任、(8) 成果導向。或是做好由美國 Baldrige 所定義的 7 項活動：(1) 領導、(2) 策略規劃、(3) 專注客戶和市場、(4) 衡量、分析和知識管理、(5) 專注人力、(6) 流程管理、(7) 成果。

經營專案管理專有名詞

Annual plan（年度計畫）
年度計畫是指企業達成年度目標的計畫。

Backward integration（向後整合）
和供應鏈或生產過程的上一步，朝離最終消費者距離比較遠的方向進行合併廠商的方式稱為向後整合。

Banchmarking（標竿學習）
標竿學習是指和產業內表現最好的公司，比較產品、服務或流程的差異，以找出改善和提升績效的機會。

BHAG（偉大的目標）
偉大、驚人、大膽的目標。這個目標並非一定能夠達成，但是企業必須始終相信自己終究可以達成。

Boston portfolio method（波士頓組合分析法）
利用市場成長率和市場佔有率兩個面向，來分析企業的基準策略。

Bureaucratic costs（官僚成本）
官僚成本是指企業內部根據標準的控制作業程序，所衍生的時間延遲和成本浪費。

Business（事業）
特定行銷組合的產品或服務業務。

Business excellence（經營卓越）
經營卓越是指根據一套基本的觀念或價值，來管理企業達成目標的傑出實務做法，這種做法已經被發展成為世界級的高效能企業，應該運作的模式。

Business intelligent system（商業智慧系統）
商業智慧系統是指應用商業智慧工具，例如資料探勘、知識管理等，來產出決策資訊的軟體系統。

Business management（經營）
企業從願景制定到願景達成的整個過程。

Business model（經營模式）
企業為了獲利所規劃的運作方式。

Business strategy（事業策略）
事業單位的策略，包括基本策略以及在產品和資源層級的競爭優勢。

Casuality analysis（因果分析）
因果分析是指尋找問題原因的一種方法，通常需要收集資料，分析資料，然後進行推論。

Competency（能力）
一個公司可以達成某種效果或運作方式的能力，它是企業資源的其中一種型式。

Competitive advantage（競爭優勢）
競爭優勢是指一種特殊的方式（做法、資源、產品、服務等），使組織在市場上獲得的好處超過競爭對手。

Core competency（核心能力）
有價值的策略性能力。

Corporate balanced scorecard（企業平衡計分卡）
根據企業的策略所展開出來的指標架構，平衡計分卡是一種績效管理的工具，它將企業策略逐層分解為具體行動的績效考核指標，並對這些指標的實際現況進行考核，因此可以為企業策略目標的達成建立可靠的執行基礎。

Corporate options matrix（企業策略選擇矩陣）
將所有可能的策略選項以矩陣的方式表達出來，然後進行策略吸引性和企業競爭力的評估。

Corporate strategy（企業策略）
企業策略是指定義企業未來事業、設定市場地位長期目標、決定資源分配和投資順序，以及建立需要的資源能力。

Corporate vision（企業願景）
企業在未來某段時間希望變成的樣子，例如：『成為世界級的領導廠商』。

Customer group（客戶群）
請參考客戶區隔。

Customer segment（客戶區隔）
一群具有類似需求和購買決策標準的客戶。

Customer value proposition（客戶價值訴求）
一個和產品或服務有關的說明，用來說服客戶為何購買這個產品或服務可以讓他們獲得某種效益。

Dashboard（儀表板）
一種將資料轉為可視性的工具，可以呈現企業目前經營關鍵指標的表現狀態。

Data mining（資料探勘）
一種使用統計分析、機器學習和資料庫系統等方法，在大量資料中發現固定模式的過程。

Diferentiation strategy（差異化策略）
藉由產品差異、溝通差異等等來取得競爭優勢的策略，可以套用在整個市場或是利基市場。

Diversification（多角化）
多角化經營，就是企業擴大產品品類，跨行業生產經營多種產品或業務，擴大企業的生產經營範圍和市場範圍，提高經營效益，以保證企業的長期生存與發展。

Effectiveness（效能）
效能是指執行的工作或任務必須能夠幫助企業達成目標，也就是選擇對的工作或任務，其著重於結果。

Efficiency（效率）
效率是指以最少的投入（包括人力、物力、財力等資源）去執行工作，以得到最大的產出。

Emergent strategy（浮現策略）
沒有事先規劃意圖策略，直接經過集體討論之後，所進行的決策方式稱為浮現策略。

Established stage（穩定期）
企業成長到站穩市場地位的階段，重點在提高生產效率。

Exit stage（結束期）
企業將公司脫手賣掉的階段，重點在提高估價。

Expansion stage（擴充期）
企業開始開發新產品和新市場的階段，重點在產品開發和市場開拓。

Forward integration（向前整合）
和供應鏈或生產過程的下一步，朝離最終消費者距離比較近的方向進行合併廠商的方式稱為向前整合。

Functional area strategy（功能策略）
為了達成企業部門目標所制定的策略。

General success factors（通用成功因素）
可以應用到所有事業單位的通用成功因素。

Generic business strategy:
事業的基本策略，包括全市場的定價策略、全市場的差異化策略、和利基市場定價策略及利基市場差異化策略等。

Goal（企業目標）
達成企業願景之前必須完成的目標。

Growth stage（成長期）
需求穩定增加和銷售持續成長的階段，重點在有效管理。

Horizontal integration（水平整合）
併吞或收購和自己做相同產品的企業。

Hypercompetition（超優勢競爭）
指在變化頻繁的環境中，如何能夠輕鬆快速地進軍各個市場，破壞績優對手的既有優勢。

Industry（產業）
一個企業根據客戶、技術需求、競爭對手，地區等所劃分出來的行銷或服務範圍。

Industry-specific success factors（特定成功因素）
只可以應用到個別事業單位的成功因素。

Intended strategy（意圖策略）
事先規劃好的策略稱為意圖策略。

Key resource（關鍵資源）
有價值的策略性資源。

Management（管理）
指企業經營過程相關活動的管理。

Management by project（專案式管理）
將專案管理手法應用到企業的經營管理。

Management excellence（管理卓越）
管理卓越是指企業協調運作所有組成，用最聰明（smart）的方式整合內外部的資訊，然後分析資訊，以最敏捷（agile）的方式調整自己適應環境，並且以最校準（aligned）的方式整合價值鏈上的所有活動。

Market position（市場地位）
相對於競爭對手，企業在特定市場所提供的產品或服務所佔據的地位。

Mature stage（成熟期）
企業銷售不再成長的階段，重點在降低成本和找尋新機會。

Mission（使命）
說明企業為何存在的理由。例如：福特汽車的使命是：『為全球人們提供個人移動的服務』。

Niche（利基）
具有特殊需求的市場區隔。

Norm strategy（基本策略）
組合矩陣中每個區塊的基本策略，它可以應用到所有的事業部，但是因為還沒有考慮到個別的特殊狀況，因此只能當作最初的方向指引。

Objective（事業目標／功能目標）
事業單位和功能單位必須完成的目標。

Operating model（營運模式）
營運模式是指一個企業如何對客戶提供價值的運作方式，它是企業策略和日常作業的銜接橋梁。

Operational excellence（營運卓越）
營運卓越是指可以用最低的成本、最快的速度和最好的品質來執行功能領域的流程。

Performance（績效）
指企業經營結果的好壞，通常以利潤方式表達。

Policy（方針）
指企業執行決策時必須遵循的原則。

Portfolio matrix（組合矩陣）
以兩個維度的矩陣，分成數個區塊的方式，呈現一個企業的事業部的現況和未來地位的圖形，這個圖形可以提供事業的基本策略。

Predictive analytics（預測分析）
預測分析是使用新舊資料來預測未來趨勢和行為的方法，它包括使用機器學習和統計分析等來產生預測模型。

Price strategy（價格策略）
企業為了區別競爭對手所採取的訂價策略，包括整個市場或是利基市場。

Profitability analysis（獲利性分析）
企業預測一個提案的獲利性，或是極大化一個現有專案的獲利，包括客戶群、地區或是產行別的銷售量和獲利。

Related Diversification（相關多角化）
企業為追求成長上的綜效，選擇進入（開闢或併購）與原有產品和市場有關聯的產業，稱為相關多角化。

Realzed strategy（實現策略）
修正意圖策略然後執行的策略稱為實現策略，或是執行浮現策略。

Resource（資源）
資源不只包括硬性資源和資金，還包括軟性資源，如能力、知識和文化等。有用的資源是指那些稀有、不易模仿和取代，而且可以為客戶創造價值的資源。

Root cause analysis（根本原因分析）
用來發現問題原因的方法、工具和技術。

Scenario analysis（情境分析）
預想未來總體環境可能發生的狀況，然後制定理想的因應策略。

Scorecard（計分卡）

計分卡是衡量企業、事業或員工目標達成績效的圖形表達工具。

Seed stage（種子期）

希望成立公司的概念階段，重點在創業規劃和募資。

Start-up stage（草創期）

公司成立，開始生產和銷售的階段，重點在建立客戶。

Strategic analysis（策略性分析）

從大環境、市場和公司本身，分析企業的現況和未來發展。

Strategic business unit（策略事業單位）

指企業為了達成某個策略目標所成立的事業單位。

Strategic document（策略性文件）

達成企業目標的管理工具，包括使命說明、企業策略、事業策略和策略執行計畫。

Strategic group（策略群組）

同一產業中具有類似資源或事業策略的公司群組。

Strategic management（策略管理）

策略管理主要包括策略的制定、執行和控制。

Strategic option（可選擇策略）

所有可行的未來策略，被選中的策略稱為意圖策略。

Strategic plan（策略計畫）

策略計畫是指說明企業未來幾年的目標，以及如何達成的計畫。

Strategic planning（策略規劃）

分析目前狀況，發展和評估策略方案，然後選定達成策略，以及執行績效衡量指標的過程。

Strategic theme（策略主題）
策略主題是企業策略的簡要描述，它說明管理層認為應該做什麼事情才能達成目標。

Strategy（策略）
為了達成企業目標的策略稱為企業策略，為了達成事業目標和功能目標的策略則分別稱為事業策略和功能策略。另外，進一步細分的話，事先規劃好的策略稱為意圖策略，修正意圖策略然後執行的策略稱為實現策略，沒有事先規劃意圖策略，直接進行決策的方式稱為浮現策略，此時它也是實現策略。

Strategy planning（策略規劃）
根據SWOT分析所獲得的成功因素和策略議題，分別從總體環境、產業環境和企業環境，分析達成企業目標的可行策略。

Success factor（成功因素）
市場競爭力和競爭優勢的關鍵因素，包括通用成功因素和特定成功因素。

Success potential（成功關聯圖）
分析事業的資源優勢如何影響產品和服務的優勢，然後形成市場的優勢。

Sustainable competitive advantage（持久性競爭優勢）
可以取得長期競爭優勢的產品、服務或資源，主要取決於模仿性和取代性。

SWOT分析（優勢／劣勢／機會／威脅分析）
分析企業的優勢、劣勢、機會和威脅。

Taper integration（錐形整合）
指混合垂直整合和水平整合的整合方式，往上游，生產部分原料或半成品，同時也向其他供應商購買一些其他物品，往下游，自行銷售部分產品，同時也授權其他第三方銷售產品。

Text mining（文字探勘）

分析隱藏在自然語言中的資訊，以解決企業經營上的問題。

Total quality management（全面品質管理）

企業要求從上到下的所有成員，致力於品質的提升和客戶的滿意。.

Unrelated Diversification（非相關多角化）

企業跨足兩個以上不同產業，而且產業之間沒有技術、產品或市場上之共通性，主要目的是要發展新事業。

Unique competencies（獨特能力）

企業具有的不易模仿的能力，可以為企業帶來競爭優勢。

Value（價值）

指達成企業使命和目標的共同行為規範，例如：鼓勵創新、保護環境。

Value chain analysis（價值鏈分析）

企業確認可以為最終產品加值的主要活動和支援活動，然後分析這些活動，如何能降低成本和提高差異化

Vertical integration（垂直整合）

併吞或收購自己產業的上下游廠商。

Vision（願景）

請參閱 Corporate vision。

Vision Planning（願景規劃）

指規劃未來五年、十年甚至更久，企業希望達到的長遠理想和目標，它是一個引導企業成員戮力以赴的共同意圖，可以產生資源聚焦和振奮人心的效果。

美國專案管理學會
AMERICAN PROJECT MANAGEMENT ASSOCIATION

　　APMA (美國專案管理學會) 提供六種領域的專案經理證照：(1) 一般專案經理證照、(2) 研發專案經理證照、(3) 行銷專案經理證照、(4) 營建專案經理證照、(5) 經營專案經理證照、(6) 大型專案經理證照。APMA 是全球唯一提供這些證照的學會，而且一旦您通過認證，您的證照將終生有效，不需要再定期重新認證。證照認證方式為筆試，各領域的試題皆為 160 題單選題，時間為 3 小時。

哪一種證照適合您？

　　您可以選擇和您背景、經驗及生涯規劃最接近的證照，請參考以下的說明，選出最適合您的領域進行認證。沒有哪一個證照必須先行通過，才能申請其他證照的認證，不過先取得一般專案經理證照，有助於其他證照的認證。

❶ 一般專案經理 (Certified General Project Manager, GPM) 適合管理或希望管理一般專案以達成組織目標，或希望以專案管理為專業生涯發展的人。

❷ 研發專案經理 (Certified R&D Project Manager, RPM) 適合管理或希望管理各種產品和服務的開發以達成組織目標的人。

❸ 行銷專案經理 (Certified Marketing Project Manager, MPM) 適合管理或希望管理產品和服務的行銷以達成組織目標的人。

❹ 營建專案經理 (Certified Construction Project Manager, CPM) 適合管理或希望管理營建工程專案以達成組織目標的人。

❺ 經營專案經理 (Certified Business Project Manager, BPM) 適合管理或希望管理經營專案以達成組織目標的人。

❻ 大型專案經理 (Certified Program Manager PRM)) 適合管理或希望管理大型專案以達成組織目標的人。

美國專案管理學會詳細資訊，請參考 http://www.a-pma.org/

圖解 會計學 IFRS
書號：1G89
定價：350元

圖解 財務報表分析
書號：1G91
定價：320元

圖解 國貿實務
書號：1O66
定價：350元

圖解 經濟學
書號：1MCT
定價：350元

圖解 貨幣銀行學
書號：1MCX
定價：350元

圖解 個人與家庭理財
書號：1FTP
定價：350元

圖解 管理學
書號：1FRK
定價：350元

圖解 人力資源管理
書號：1FRM
定價：320元

圖解 財務管理
書號：1FRP
定價：350元

圖解 物流管理
書號：1FS3
定價：350元

圖解 研究方法
書號：1H87
定價：360元

圖解 產業分析
書號：1FTK
定價：320元

圖解 策略管理
書號：1FRN
定價：380元

圖解 領導學
書號：1FRQ
定價：380元

圖解 企業危機管理
書號：1FS5
定價：270元

圖解 整合行銷傳播
書號：1FTG
定價：380元

圖解 金融行銷
書號：1MD2
定價：350元

圖解 顧客滿意經營學
書號：1FS9
定價：320元

圖解 作業研究
書號：1F
定價：35

圖解 企劃案撰寫
書號：1FRZ
定價：320元

圖解 網路行銷
書號：1FSB
定價：360元

圖解 企業管理(MBA學)
書號：1FRY
定價：350元

圖解 顧客關係管理
書號：1FW1
定價：380元

圖解 品牌行銷與管理
書號：1FSA
定價：350元

圖解 供應鏈管理
書號：1FTR
定價：350元

圖解 保險學
書號：1N
定價：35

圖解 服務業
書號：3M73
定價：380元

圖解 品牌學
書號：3M72
定價：380元

圖解 生產革新
書號：3M67
定價：350元

圖解 彼得杜拉克
書號：3M65
定價：350元

圖解 第一品牌
書號：3M69
定價：350元

三大誠意

※最有系統的圖解財經工具書。圖文並茂、快速吸收。

※一單元一概念，精簡扼要傳授財經必備知識。

※超越傳統書籍，結合實務與精華理論，提升就業競爭力，與時俱進。

五南文化事業機構
WU-NAN CULTURE ENTERPRISE

地址：106台北市和平東路二段339號4樓
電話：02-27055066 ext 824、889

http://www.wunan.com
傳真：02-27066 100

國家圖書館出版品預行編目資料

經營專業管理知識體系／魏秋建著. -- 初版.
-- 臺北市：五南, 2018.02
　　面；　　公分.
　ISBN 978-957-11-9585-8（平裝）
1.專業管理
494　　　　　　　　　107000906

1FOJ

經營專業管理知識體系

作　　　者 ― 魏秋建

發 行 人 ― 楊榮川

總 經 理 ― 楊士清

主　　　編 ― 侯家嵐

責任編輯 ― 黃梓雯

文字校對 ― 魏劭蓉

封面設計 ― 盧盈良

出 版 者 ― 五南圖書出版股份有限公司

地　　　址：106台北市大安區和平東路二段339號4樓

電　　　話：(02)2705-5066　　傳　　　真：(02)2706-6100

網　　　址：http://www.wunan.com.tw

電子郵件：wunan@wunan.com.tw

劃撥帳號：01068953

戶　　　名：五南圖書出版股份有限公司

法律顧問　林勝安律師事務所　林勝安律師

出版日期　2018年2月初版一刷

定　　　價　新臺幣350元

※版權所有 · 欲利用本書內容，必須徵求本公司同意※